Ueber

Anatomie.

Von

Dr. *K. A. Rudolphi.*

(Aus dem zweiten Bande der Med. chir. Encycl. besonders abgedruckt).

Berlin,
bei J. W. Boike.
1828.

ANATOMIE, von τομειν (schneiden) und ανα (durch, zer-) eigentlich die Zergliederung selbst, dann aber auch später die Zergliederungskunst, Anatomice (ανατομικη sc. τεχνη) oder die Lehre derselben, die Anweisung dazu. Wenn kein Beisatz das Gegentheil andeutet, so verstehen wir darunter die menschliche, und zwar die des gesunden menschlichen Körpers, und in der Hinsicht trennen wir von ihr erstlich die vergleichende und zweitens die pathologische Anatomie. Diese hiefs ehemals auch die practische, und nicht mit Unrecht, da sie dem practischen Arzt so wichtig ist; jetzt setzt man die practische, d. h. die Uebung im Seciren selbst, der theoretischen, oder dem Unterricht über den Bau des menschlichen Körpers, entgegen. Man hat in den neueren Zeiten auch mit Recht die allgemeine von der besondern Anatomie unterschieden, auch die letztere, wo man die Theile nach ihren Systemen durchgeht, von der chirurgischen Anatomie getrennt, in der man die Theile nach den Regionen des Körpers die sie einnehmen, zusammenstellt. Von allem Diesen das Nöthigste hier in der Kürze.

I. Von der Anatomie überhaupt.

Die Geschichte der Anatomie ist in der neueren Zeit von *Thom. Lauth* (Histoire de l'Anatomie. T. 1. Strasbourg 1815. 4.) mit besonderem Fleifs bearbeitet, und wir haben Hoffnung, die durch den Tod des würdigen Verfassers unterbrochene Herausgabe des zweiten Theils bald zu sehen. Es ist hier auf das Gründlichste gezeigt, dafs *Aristoteles* nicht zergliedert; dafs *Galen* nur die Anatomie der Thiere gelehrt habe; was es mit der Alexandrinischen Schule auf sich gehabt u. s. w., und man sieht, wie sehr er die Schriften des *Galens* und der übrigen älteren Schriftsteller selbst studirt hat; die mancher späteren Anatomen scheint er nicht selbst gekannt zu haben; vom *Cananus* sagt er es ausdrücklich; des *Servetus* und *Caesalpinus* erwähnt er gar nicht; vielleicht mag er ihrer in dem zweiten Theil bei *Harvey* gedenken, doch würden sie dadurch offenbar herabgesetzt, da sie sich selbst Bahn brachen. — Die naturhistorischen Kenntnisse, die der vergleichenden Anatomie, sind nicht sehr bemerkbar, dagegen aber sind die übrigen Verdienste des Verfassers sehr grofs, und kein anderer Theil der Medicin hat sich vielleicht einer so guten Geschichte zu erfreuen; doch ist es auch selten, dafs ein Mann von grofser Gelehrsamkeit und zugleich von genauer Kenntnifs seines Fachs, eine solche Arbeit unternimmt.

Es haben Manche geglaubt, dafs die menschliche Anatomie vollendet sey, allein so viel auch seit drei Jahrhunderten darin gethan ist, so bleibt doch immer noch sehr Vieles übrig, namentlich über die innerste Bildung der Organe, welche gewifs noch grofse Aufschlüsse für die Physiologie geben wird. Höchst erfreulich aber ist es, wie in den letzten Zeiten alles zusammengetroffen ist, was die Anatomie vervollkommnen kann: genaue Zergliederung der Theile, ausführliche Beschreibungen und treffliche Abbildungen derselben, sowohl, wie sie sich dem unbewaffneten Auge darstellen, als mit Hülfe vorzüglicher Microscope vergröfsert.

II. Von der allgemeinen Anatomie.

Die allgemeine Anatomie (Anatomie générale) ist zuerst von *Bichat* aufgestellt, und er hat sich dadurch um die Anatomie des gesunden, wie um die des kranken Körpers ein unendliches Verdienst erworben. Man findet schon bei den älteren Schriftstellern, z. B. *Falloppia*, vieles dahin Gehörige, und fast alle späteren Schriftsteller haben, ehe sie von einem System speciell redeten, das Allgemeine darüber angeführt, das ihnen zu Gebot stand; vorzüglich aber hat *Haller* das grofse Verdienst, durch die Untersuchung der Theile hinsichtlich ihres Verhaltens gegen die ihnen dargebotenen Reize, das Leben und Wesen jener Theile näher dargestellt zu haben, so wie *Albinus* den feineren Bau vieler Theile scharf bestimmt hat; so viel Lob aber ihnen, einem *Soemmering* u. s. w. darüber gebührt, so war doch Keiner von ihnen darauf gefallen, alles hierüber zusammenzureihen, und den gesunden und kranken Bau zugleich ins

Auge zu fassen, so dafs unstreitig durch ihn die pathologische Anatomie auf das Wesentlichste bereichert ist, und sehr rasche Fortschritte gemacht hat.

Auf der andern Seite ist nicht zu verkennen, dafs er zu sehr spaltete, und eine Menge Systeme ohne Noth annahm. Er zählte zwei und zwanzig Systeme. 1) Das zellige System; 2) das der Nerven des thierischen; 3) das der Nerven des organischen Lebens; 4) der Gefäfse des rothen; 5) der Gefäfse des schwarzen Bluts; 6) der Haargefäfse; 7) der aushauchenden; 8) der einsaugenden Gefäfse; 9) der Knochen; 10) des Knochenmarks; 11) der Knorpel; 12) das Faserige, der Sehnenfasern; 13) der Sehnenknorpel; 14) der Muskeln des thierischen; 15) der Muskeln des organischen Lebens; 16) der Schleimhäute; 17) der serösen Häute; 18) der Synovialhäute; 19) der Drüsen; 20) der Haut; 21) der Oberhaut; 22) der Haare. Ich will nur einige Bemerkungen darüber mittheilen.

2) und 3) sind anatomisch nicht zu trennen; 4) und 5) enthalten jedes Arterien und Venen, die Eintheilung ist also gegen die Anatomie; 6) ist hypothetisch und kann füglich weggelassen werden; 7) pafst auf alle Arterien, denn eigne aushauchende Gefäfse giebt es nicht; 14) und 15) sind anatomisch nicht zu scheiden; 17) und 18) sind zu nahe verwandt; 21) und 22) gehen ganz zusammen. Man sieht also leicht, dafs vieles physiologisch bestimmt ist, welches hier nicht zu billigen ist. Allein es war der erste Versuch der Art, und leistete dennoch so viel, dafs seinem Verfasser die Unsterblichkeit gesichert ist.

Malacarne, dem die chirurgische Anatomie so viel verdankt, gab auch seine allgemeine Anatomie in dem Sinn, und es ist nicht zu läugnen, dafs viele anatomische Anordnungen einzelner Parthieen gelungen sind; aber das Ganze ist unbequem, auf verschiedenartige Principe gebaut, und die Benennungen der Hauptabtheilungen sind schlecht gewählt. Er hat ein Systema *commune*, das der Haut: vier syst. *generalia*, das zellige, das Gefäfs-, das Muskel-, das Nervensystem, wo offenbar das Muskelsystem, als viel mehr beschränkt, nicht an seinem Ort steht. Sieben syst. *universalia*, der Häute, Drüsen, Bänder, Knochen, Eingeweide, des Knochenmarks, der Knorpel. Sieben syst. *partialia*, des Kopfs, des Halses, der Aerme, der Brust, des Bauchs, der Geschlechtstheile, der untern Extremitäten. Jeder von diesen wird wieder mehrmals abgetheilt, so z. B. das systema cephalicum; das Auge zerfällt in das systema opticum, oculo musculare und lacrymale u. s. w. Das syst. opticum und das syst. lacrymale ist hier mit Recht getrennt, denn der Augapfel kann fehlen und die Augenlieder und Thränenwerkzeuge sind da: das oculo musculare kann aber natürlich nicht seyn, wo der Augapfel fehlt, verdiente also nicht getrennt zu werden, und auf die Weise würde die Kritik hier ein sehr offnes Feld finden.

Untersucht man den Körper näher, so findet man zuletzt gewisse einfache Gewebe und Fasern, die man daher als Grundtheile, partes simplices, anzusehen hat: ich kann nur 1) das Zellgewebe; 2) das Horngewebe, 3) das Knorpelgewebe; 4) das Knochengewebe; 5) die Sehnenfaser; 6) die Gefäfsfaser; 7) die Muskelfaser; 8) die Nervenfäser dafür erkennen. Das erste findet sich fast überall und geht entweder in die Theile selbst ein, oder umhüllt sie. Das zweite bildet grofse Ueberzüge, wie die Oberhaut, die innerste Gefäfshaut, das Epithelium in den Därmen und Eingeweiden, die serösen und Synovialhäute, und bleibt sehr einfach, in gröfseren, eigenthümlichen Ausbildungen entstehen dadurch die Nägel und Haare. Das dritte findet sich nur in den Knorpeln und Knochen; das vierte nur in diesen: allein diese Knorpel und Knochen sind noch zusammengesetzter, da sie Gefäfse und mit diesen noch andere Theile (z. B. Nerven) aufnehmen. Die Sehnenfaser bildet mit den Gefäfsen Faserhäute, Bänder u. s. w.; mit der Knorpelsubstanz den Faserknorpel. Die Gefäfsfaser bildet mit dem Zellgewebe Gefäfse und durch diese mancherlei Häute, und ist einer der am häufigst verbreiteten Theile. Die Muskelfaser kommt nur in den Muskeln und Muskelhäuten vor, die aufserdem eine grofse Menge Gefäfse und Nerven enthalten. Die Nervenfaser bildet mit Gefäfsen und Häuten das Nervensystem, welches fast eine eben so grofse Ausbreitung hat, als das Gefäfssystem.

Aus diesen Theilen werden nun die zusammengesetzten

Organe, die Drüsen und Eingeweide gebildet, und es ist Gegenstand der allgemeinen Anatomie, nicht blofs diese Fascrungen und Gewebe überhaupt, sondern auch deren Ausbreitung im Thierreich; deren Anordnung und Symmetrie; deren Beständigkeit, wie deren Abweichungen und Alters-Veränderungen durchzugehen, kurz alle allgemeine Rücksichten, die pathologischen vielleicht ausgenommen, aufzufassen.

Daher ist der Name Histologie, Geweblehre (von ἱστη, Gewebe), den *Mayer* zuerst aufgestellt hat, nicht umfassend genug, und der Name allgemeine Anatomie viel passender.

Es war gewifs vortrefflich, dafs *Bichat* die pathologische Anatomie so sehr berücksichtigte; allein für den Vortrag ist es durchaus unpassend, die Anatomie des gesunden und kranken Körpers zugleich durchzugehen. Der Anfänger ist nicht im Stande, das Pathologische zu verstehen, und verliert dadurch die Aufmerksamkeit. Je strenger aber die Ordnung des Vortrags ist, desto leichter wird es dem Zuhörer, ihn zu fassen, und desto gründlicher wird seine Bildung. Will man in der allgemeinen Anatomie die Pathologie berücksichtigen, so setzt man die ganze Physiologie voraus, die der Zuhörer noch nicht kennt. Es kann also nur die Vereinigung für den schon gebildeten Arzt von Nutzen seyn, und doch hat sie auch hier ihr Unbequemes, so dafs ich es bei weitem vorziehen würde, bei der Einleitung in die pathologische Anatomie die allgemeinen Veränderungen der Systeme durch Krankheit zusammenzustellen, und so eine allgemeine pathologische Anatomie zu geben, der die specielle folgt.

Das Unbequeme jener Verbindung geht nirgends greller hervor, als in den sonst reichhaltigen anatomischen Werken *Meckels*, wo man in sieben Bänden (nämlich vier der Anatomie und drei der pathologischen Anatomie) zerstreut findet, was den krankhaften Bau betrifft, und daher darin nie Bescheid lernt.

Man hat häufig gefragt, ob man die allgemeine Anatomie der speciellen voranschicken, oder sie in der Physiologie abhandeln soll. Ich glaube, dafs Beides nöthig ist, aber auf verschiedene Weise. Dem Anfänger, der die Anatomie erlernt, ist es gewifs nützlich, wenn man ihm zuerst die einfacheren Theile sämmtlich zeigt, und ihre Hauptcharaktere angiebt, so dafs man weiterhin bei dem Vortrage nicht von Theilen spricht, die er nicht kennt: allein eine kurze Darstellung genügt hier vollkommen. In der Physiologie, wo man die Anatomie voraussetzt, ist es dagegen gut, mehr die Lebensäufserungen der Systeme zusammenzufassen, wie sich jene im Alter verändern, wie sie der Regeneration fähig sind, u. s. w. Ich würde es weniger billigen, eigene Vorlesungen darüber zu halten, und die Allgemeine Anatomie dafür in der Anatomie und Physiologie wegzulassen, denn alsdann möchte sie Mancher gar nicht hören. Ist aber Gelegenheit in jenen Vorlesungen (über Anatomie, wie über Physiologie) das Nöthige darüber zu erlernen, dann ist es sehr schön, wenn noch besondere, ausführliche Vorlesungen darüber Statt finden, die dann auch das Pathologische zugleich umfassen können.

Litteratur:

Lectiones *Gabrielis Fallopii*, de partibus similaribus h. c. ed. *Volcher Coiter*. Norimb. 1575. fol.

Anatomie générale par *Xav. Bichat*. Paris 1801. 2 Vol. 8. Ed. 2. 1821. 8. Das darin Hinzugekommene auch besonders unter dem Titel: Additions à l'Anatomie générale de *Xav. Bichat* par *P. A. Béclard*. Paris 1821. 8. Allgemeine Anatomie, übers. und mit Anm. von *C. H. Pfaff*. Leipz. 1802, 03. 2 Thle. 8.

Vinc Malacarne, I sistemi e la reciproca influenza loro indagati. Padua 1803. 4.

K. A. Rudolphi, pr. de c. h. partibus similaribus. Gryph. 1809. 4.

J. Fr. Meckel's Handbuch der menschl. Anatomie. 1. Bd. Allgemeine Anatomie. Halle 1815. 8.

Paolo Mascagni, Prodromo della grande Anatomia. Seconda opera postuma. Firenze 1819. fol. tabb.

C. Mayer, Ueber Histologie. Bonn 1819. 8.

C. Fr. Heusinger, System der Histologie. Eisenach 1822. 4. Zwei Hefte mit Kupfern.

P. A. Béclard, Elemens d'Anatomie générale ou Description de tous les genres d'Organes, qui composent le corps humain. Paris 1823. 728. S. in 8.

A. L. J. Bayle et *H. Hollard*, Manuel d'Anatomie générale. Paris 1827. 12.

III. Von der besondern Anatomie.

Man hat die specielle Anatomie in der neueren Zeit in Frankreich unter dem Namen der beschreibenden (Anatomie descriptive) der allgemeinen entgegengesetzt, welches aber nicht zu billigen ist, da eine jede, auch die allgemeine, die pathologische, und die vergleichende Anatomie beschreibend ist und gar nicht anders gedacht werden kann. Wenn wir irgend einen Theil eines Naturkörpers mit Worten schildern wollen, so kann es nur durch eine Beschreibung seyn, wie es auch von dem Naturkörper selbst gilt, denn definiren lassen sich concrete Dinge nicht. Man hat auch hin und wieder den Namen Morphologie dafür vorgeschlagen, der aber einerseits zu unbestimmt ist, da er ja auch zu jeder Gestaltbeschreibung aller Naturkörper pafst, und zweitens für die specielle Anatomie viel zu eng ist, da diese nicht blofs die Gestalt (μορφη) angiebt, sondern auch den innern Bau, die Lage, die Verbindung, die Verhältnisse zu andern Organen, die normalen Veränderungen nach dem Alter, und die Abweichungen nach der Breite des Bildungstypus. Das Wort Morphologie (Gestaltlehre) ist hier also offenbar zu wenig bezeichnend, während das herkommliche Wort Anatomie alles umfafst.

Soll die specielle Anatomie fruchtbringend seyn, so mufs sie alle Systeme, die der Knochen, Bänder, Muskeln, Gefäfse und Nerven in ihrer ganzen Ausbreitung schildern, und wenn bei den zusammengesetzten Organen Muskeln, Gefäfse u. s. w. auf das Neue erwähnt werden müssen, so kann man sich darauf kurz beziehen, allein man darf sie nicht bei der Darstellung des ganzen Systems übergehen, sonst bekommt man davon keine genügende Uebersicht, ja man darf sagen, man bekommt gar keine Anatomie, denn wie soll der Schüler sich die zerstreuten Theile zusammen suchen. Wie schön z. B. ist in *Soemmering's* Anatomie die Muskellehre abgehandelt, wo Alles was zusammengehört, beisammen steht, so dafs man das treueste Bild davon erhält, und wenn der Lehrer dieser Anordnung bei dem Vortrage folgt, so hat er Alles erschöpft; die Muskeln in der Augenhöle, die in der Paukenhöle kann er bis zu den Sinnesorganen verschieben, aber weiter nichts. Dagegen nehme man *Meckel's* Anatomie, wo die Muskeln so zerstreut sind, dafs sich Niemand z. B. nur das geringste Bild von den Kopf- und Gesichtsmuskeln entwerfen kann, denn in dem zweiten Theil, welcher die Muskellehre enthält, ist nur vom Epicranius und von den Beifsmuskeln die Rede, und diesen zu gefallen, steht hier auch der zweibauchige Kiefermuskel. Im vierten Theil stehen bei den Sinnesorganen die Muskeln derselben, also auch die der äufsern Nase; bei den Verdauungswerkzeugen die Muskeln der Lippen, die Jochmuskeln u. s. w. Im zweiten Theil dagegen der breite Halsmuskel mit dem Santorinischen Lachmuskel, der zu den Lippen geht; die unter ihm liegenden Kehlkopfsmuskeln im vierten u. s. f. Der Chirurg bekommt also dabei nie etwas im Zusammenhang zu sehen, und gar leicht wird der Fall seyn, dafs etwas übergangen wird, wenn von einem Lippenmuskel hier, von dem andern dort die Rede ist. Wenn in der Nervenlehre erst von dem Gehirn die Rede ist, und dann von den Häuten desselben, wo soll die anschauliche Kenntnifs herkommen?

Ein noch gröfseres Uebel ist es, dafs *Meckel* nirgends die Theile in ihrem völligen Zusammenhang giebt. Bei dem Keilbein z. B. und so überall, ist nirgends (oder unendlich selten) bei einer Oeffnung oder einem Kanal gesagt, was dadurch geht, noch bei einem Fortsatz, was sich daran setzt. Gesetzt es nimmt also Jemand das Keilbein zur Hand, wo erfährt er in der M. Anatomie, welche Theile es durchläfst, wozu ein Kanal dient u. s. w., das mufs er in der Gefäfslehre, in der Nervenlehre aufsuchen; zuweilen erfährt er es aber auch da nicht; Th. 3. S. 114 hat er vergebens die alveolaris superior gefunden, wie sie in den Knochen geht, davon ist nichts gesagt; ebendas. S. 366 wird über die Veränderung des Ductus Botalli auf die genaue Auseinandersetzung in der Geschichte des Fötus verwiesen, und bei diesem steht nichts davon; dagegen wird bei den Beschreibungen der Nerven und Gefäfse häufig der Muskeln gedacht, die erst im vierten Theile beschrieben werden. Der Wunsch, etwas streng Wissenschaftliches zu geben, hat eine unglaubliche Verwirrung hervorgebracht, aus welcher das mangelhafte Register nicht heraushilft, und dem Anfänger ist das Buch fast unbrauchbar, das sonst viele schätzbare eigene Untersuchungen enthält.

Das vorzüglichste Werk über die specielle Anatomie bleibt also noch immer: *S. Th. Soemmering* vom Bau des menschlichen Körpers, 5 Theile in 6 Bänden. Frankf. a. M. 1801. 8., und wenn man seine herrlichen Monographieen von den Sinneswerkzeugen hinzunimmt, so fehlt blofs die Beschreibung der Harn- und Geschlechtswerkzeuge.

Litteratur:

G. F. Hildebrandt's Lehrbuch der Anatomie des Menschen. Braunschw. 1803. 4 Bände 8. Dieses gute Beschreibungen enthaltende Buch wird von *Weber* neu herausgegeben; und dabei gewifs vorzüglich werden.

J. Fr. Meckel's Handbuch der menschlichen Anatomie, Halle 1815 bis 20. 4 Bde. 8., würde ohne die gerügten Mängel, und ohne die Vermischung mit pathologischer Anatomie, ohne Frage das erste Werk seyn.

A. F. Hempel's Anfangsgründe der Anatomie, Gött. 1823. 2 Thle. 8, enthalten das rechte Maafs für den Anfänger, und haben darum mehrere Ausgaben erlebt, sonst sind sie dem jetzigen Standpunkt der Anatomie nicht angemessen.

Rosenmüller's Handbuch der Anatomie ist zu kurz.

Unter den ausländischen Werken über die specielle Anatomie ist keines, das die deutschen überträfe. *Ant. Portal,* Cours d'Anatomie médicale. Paris 1804. T. 1 — 4. 8., enthält zugleich viele gute pathologische Beobachtungen.

Xav. Bichat, Traité d'Anatomie descriptive, T. 1 — 5. Paris 1801 bis 1803. 8., ist aus den Heften seiner Zuhörer entstanden, und der letzte Theil ist von *Ph. J. Roux* hinzugethan. — *J. Hippol. Cloquet*, Traité d'Anatomie descriptive. Paris 1816. 2 Thle. 8.

Flor. Caldani, Nuovi Elementi di Anatomia ad uso delle scuole. Napoli (nach der Venet. Ausgábe) 1825. 2 Thle. 8.

Filippo Uccelli, Compendio di Anatomia fisiologico-comparata. Firenze 1825, 26. 6 Bde. 8.

The Anatomy of the human body. Edinb. 1797. — London 1804. 4 Bde. in 5 Theilen 8. Die ersten beiden Bände von *John Bell*; die beiden andern von *Charles Bell.*

Alex. Monro Junior, Outlines of the Anatomy of the human body in its sound and diseased state. Edinb. 1813. 3 Bde Text u. 1 Bd. Kupf.

Hinsichtlich der Kupferwerke, welche die gesammte Anatomie des Menschen darstellen, darf man es als Grundsatz ansehen, dafs ein aus den besten Monographieen zusammengetragenes immer vor denen, welche ein einzelner Schriftsteller allein besorgen will, den Vorzug verdient.

Das erste anatomische Kupferwerk ist und bleibt wahrscheinlich sehr lange:

Leop. Marc. Ant. et *Flor. Caldani*, Icones anatomicae. Venet. 1801 bis 1814. Tab. Vol. IV. fol. max. — Iconum antomic. explicatio. Venet. 1802 — 14. Vol 5. fol. min. Der Arzt, welcher dieses besitzt, kann alle andere gröſsern Werke entbehren, die sich doch nur Wenige anschaffen können.

Paul Mascagni, Anatomia universa 44 tabb. aeneis juxta Archetypum hominis adulti accuratissime repraesentata, fol. max. Pisis 1823., wird noch fortgesetzt, steht aber dem vorigen nach. Ein unvollständiger Nachdruck der Originaltafeln des trefflichen *Mascagni* in schlechten Steintafeln ist undankbarer Weise von *F. Antonmarchi* in Paris 1823 bis 1826 in Atlasformat herausgegeben: Planches anatomiques du corps humain.

Jul. Cloquet, Anatomie de l'homme ou description et figures lithographiées de toutes les parties du corps humain. Paris 1826. fol. Es sind bis jetzt 36 Lieferungen erschienen, und das Werk wird bald geschlossen seyn, und kostet nichtviel weniger als *Mascagni*. Die Tafeln über Knochen, Muskeln, Bänder, sind gut, und enthalten Neues. Ueber die Nerven u. s. w. ist das Mehrste zusammengetragen, und zu den zarteren Theilen paſst der Steindruck nicht.

Gust. Chr. Loder, Anatomische Tafeln, Weimar 1803. fol. 2 Bde., sind eine sehr brauchbare, wohlfeile Sammlung, wenn sie auch die oben genannten Werke freilich nicht erreichen.

J. Cph. Andr. Mayer's Anat. Kupfertafeln, Berlin und Leipzig 1783 bis 94. kl. fol., sind, was die Nerven betrifft, zu loben, sonst sind die Abbildungen zu sehr verkleinert und ungenügend.

In der neuesten Zeit sind von Mehreren allgemeine anatomische Kupfertafeln herausgegeben, die aber in keiner Hinsicht Empfehlung verdienen.

IV. Von der chirurgischen Anatomie.

Die chirurgische Anatomie faſst dasjenige zusammen, was dem Chirurgen bei seinen Operationen nothwendig vor Augen seyn muſs, um ihn dieselben mit Sicherheit unternehmen zu lassen. Denn wenn man sonst wohl die thörichte Aeuſserung hörte, daſs ein guter Anatom ein schlechter Chirurg sey, so ist man jetzt, besonders durch *Scarpa*, wohl überall von dem Gegentheil überzeugt. Die gründliche anatomische Kenntniſs macht den Chirurgen nicht furchtsam, sondern vorsichtig.

Man hat die chirurgische Anatomie auch wohl die topographische genannt, und der Name ist nicht übel, allein doch nicht so umfassend. Die Topographie nämlich ist nur der erste Theil derselben. Es wird darin der Körper in die verschiedenen gröſseren, und diese wieder in kleinere Regionen getheilt, und von einer jeden angegeben, was darin angetroffen wird, und wie es im ruhenden Zustande sich verhält. Wenn z. B. von der Wangengegend die Rede ist, so werden die Gefäſse, die Nerven, Muskeln u. s. w. angegeben, die darin liegen: was oberflächlich ist, zuerst, und so fort, bis auf den Knochen. Die Kenntniſs dieser Theile wird aus der speciellen Anatomie vorausgesetzt, denn diese muſs alle Male vorausgehen, und es ist sehr gefehlt, wenn Lehrer die Anfänger gleich in der chirurgischen Anatomie unterrichten wollen. Es muſs nothwendig Jemand den Verlauf der Gefäſse, der Nerven u. s. w. kennen, ehe er die Topographie anfangen kann. Wenn man z. B. mit dem Kopf anfängt, und darin gleich alle Theile zusammen durchgeht, wer soll darin dem Lehrer folgen? In der Regel lernt der Zuhörer gar nichts dabei. Kennt er aber erst alle Systeme hinreichend, dann ist es vortrefflich, wenn er die verschiedenartigen Theile neben einander zugleich betrachtet.

Nun wird noch besonders hervorgehoben, worauf es bei einer jeden Operation vorzüglich ankommt, um die Theile schnell zu finden, z. B. wie man am Oberschenkel zu der Schenkelarterie kommt, ehe sie nach hinten geht, wenn man sie wegen eines Aneurysma des Poplitaea unterbinden will. Zweitens muſs aber noch bei einer jeden Gegend angezeigt werden, wo Abweichungen vorkommen, die auf die Operationen von Einfluſs seyn können, z. B. wenn eine der Arterien, die sonst erst unter dem Ellenbogengelenke zu entstehen pflegen, ganz oben am Arm entspringt und oberflächlich (unter der Haut) am Arm hinabläuft, wie sich auch wohl Aehnliches wieder über dem Handgelenk wiederholt, oder am Daumen vorkommt. Auſserordentlich wichtig ist drittens, daſs auch die Theile in verschiedenen Durchschnitten gezeigt werden, um von dem Nebeneinanderliegen derselben, z. B. der Muskeln, eine gute Vorstellung zu bekommen, was für Amputationen namentlich von Wichtigkeit ist.

Der zweite Theil der chirurgischen Anatomie betrachtet den menschlichen Körper in der Bewegung und in seinen verschiedenen Stellungen. Sie kommt hier sehr mit der Anatomie der bildenden Künstler zusammen, nur daſs diese für einen andern Zweck arbeitet, und nicht so weit in die Tiefe zu dringen braucht.

Der bildende Künstler will die Veränderungen kennen lernen, welche durch die Leidenschaften im Gesicht, und bei den verschiedenen Stellungen und Bewegungen an dem übrigen Körper erscheinen. Er kann dies bei scharfem Auffassungsvermögen ohne Studium der Anatomie, durch Betrachtung des lebenden Körpers, und eine Menge der gröfsten Kunstwerke sind so entstanden, als es noch keine Anatomie gab, allein die schönsten Formen bei den gymnastischen Uebungen u. s. w. studirt werden konnten. Die so erlangte Kenntnifs aber ist ganz unwissenschaftlich, da der Künstler gar nicht angeben kann, was er vor sich hat; daher entstehen auch so leicht Mifsgriffe und man sieht zuweilen, dafs ein Künstler genug gethan zu haben glaubt, wenn er nur recht viele Anschwellungen der Muskeln darstellt, ohne zu bedenken, ob er sie recht anbringt. Man sieht dasselbe auch zum Theil an den Werken, die den Künstler belehren sollen, und, *Mascagni* ausgenommen, wird man schwerlich einen Schriftsteller finden, dem man überall Beifall geben möchte.

Der Chirurgus hingegen will wissen, welche Verletzungen innerer Theile er bei Wunden in äufseren bestimmten Stellungen des Körpers zu erwarten hat, so wie zweitens, welche Lagen der Theile, oder welche Stellungen derselben er in gegebenen Fällen zu veranlassen hat, um dabei mit vollem Nutzen einwirken zu können. Es ist das Erste freilich nicht immer ganz sicher, und es kann z. B. eine Kugel matt gewesen seyn, oder von den innern Theilen, z. B. in der Brust oder dem Unterleibe so abgeglitten seyn, dafs sie eine ganz andere Richtung genommen hat, als man vermuthen sollte: allein sehr wichtig bleibt es auf jeden Fall. Das Andere ist es nicht minder, z. B. bei dem Einbringen verrenkter Glieder, dafs nicht gespannte Muskeln im Wege sind.

Bei dem Vortrage können die gedachten beiden Theile füglich vereinigt werden, und es sind auf diesem Felde noch viele Lorbeeren zu erringen.

L i t t e r a t u r:

Bern. Genga, Anatomia chirurgica. Bologna 1687. 8. Eine Anatomie mit anat. pathol. Bemerk., wie das folgende Werk, und führe ich sie nur des Titels wegen hier an.

J. Palfin, Anatomie chirurgicale, nouv. éd. par *A. Petit*. Paris 1753. 2 Vol. 8.

Fr. Rosenthal, Handbuch der chirurgischen Anatomie, Berlin u. Stettin 1817. 8. Sehr kurz, aber viel Gutes enthaltend.

Ph. Fréd. Blandin, Traité d'Anatomie topographique ou Anatomie des Régions du corps humain. Paris 1826. 8. Sehr ausführlich und lobenswerth.

J. Chr. Rosenmüller, Chirurgisch-Anatomische Abbildungen für Aerzte und Wundärzte. Weimar 1805. fol.

Lud. Fr. v. Froriep, Ueber Anatomie in Beziehung auf Chirurgie, nebst einer Darstellung der relativen Dicke und Lage der Muskeln am Ober- und Unterschenkel. Weimar 1813. 4.

Derselbe, Ueber die Lage der Eingeweide im Becken; nebst einer Darstellung derselben. Das. 1815. 4.

Von den Werken über die Anatomie für Künstler nenne ich nur:

J. G. Salvage, Anatomie du Gladiateur combattant, applicable aux beaux arts. Paris 1812. fol. mit Kupfern.

Paolo Mascagni, Anatomia per uso degli Studiosi di Scultura e Pittura. Opera postuma. Firenze 1816. in gr. fol. mit Abb.

V. Von der praktischen Anatomie.

Es ist etwas ganz Unerläfsliches, dafs, wer die Anatomie studiren will, selbst präparire, da ihm die von Andern angefertigten, noch so guten Präparate, die schönsten Abbildungen u. s. w., die eigene Anschauung bei dem Präpariren nicht ersetzen können. Es ist ganz etwas Anderes, die Gefäfse, die Nerven u. s. w. selbst blofs gelegt, und in allen ihren Beziehungen nach und nach betrachtet, oder sie blofs präparirt gesehen zu haben, da immer mehrere Theile dadurch aus der Lage gebracht werden müssen.

Es ist nicht Pedanterei, wenn darauf strenge gehalten wird, dafs sauber präparirt werden mufs, denn nur dabei kann das eigne Zergliedern Nutzen gewähren. Von dem ersten Tage an, wo man präparirt, mufs man sich Mühe geben, alles rein und scharf auszuführen; es wird sonst immer schlechter, je feinere Sachen man unter das Messer bekommt, und nur wer alles rein und bestimmt dargelegt hat, kann Freude daran haben. Das gute Präpariren nimmt auch nicht mehr Zeit weg, sondern im Gegentheil, wer etwas gut präparirt hat, weifs hernach Bescheid und findet alles leicht wieder, so dafs er zuletzt alles schnell und doch gut zu zergliedern vermag.

Es bedarf keines grofsen Apparats, allein er mufs zweckmäfsig eingerichtet seyn. Wenn man gröfsere Theile zu präpariren hat, so können die bauchigen Messer wohl gebraucht werden, die vorzüglich aus England eingewandert scheinen, und welche viele Studirende von fremden Universitäten hieher bringen. Sonst sind die Messer mit geraden Schneiden vorzuziehen, und bei Nerven- und Gefäfs-Präparaten kann man diese allein gebrauchen; ja zu sehr in der Tiefe liegenden Theilen, oder bei Präparaten von zarteren Thieren, sind die Messer sehr brauchbar, deren Stiel und Klinge die gewöhnliche Länge hat, wo aber die letztere nur etwa zwei Linien von der Spitze ab schneidend ist, damit man nicht mit dem hintern Ende der Klinge andere Theile verletzt, daher taugen auch die bauchigen Messer gar nicht dazu. Die Messer müssen an der Spitze sehr scharf schneiden, denn sonst zerreifst man leicht, statt zu präpariren.

Bei der Zergliederung des Auges und der eingespritzten Gefäfse bedient man sich am besten der Scheere; mit dem Messer sticht man leicht in die Gefäfse und die Masse tritt heraus; das Präparat kann auch nie so fein werden, als mit der Scheere.

Die anatomische Zange (Pincette) mufs, wo oben die Blätter zusammengehen, sehr nachgebend seyn, sonst ermüdet die Hand leicht, wenn man etwas lange gefafst hält; bei feineren Theilen müssen die Enden der Blätter sehr dünn und spitz auslaufen, sonst fafst man leicht damit mehr, als man soll.

Mérat hat eine *Hachette anatomique* erfunden, um damit den Schädel zu öffnen, ohne das Gehirn zu verletzen. Das Instrument ist im Dict. des sciences médicales T. XX. p. 57 beschrieben und abgebildet, und in einem Hospital, wo man viele Schädel in kurzer Zeit öffnen will, ist es allerdings passend; allein sonst ist die Säge und der Meifsel vorzuziehen, denn der Schädel wird ringsum, wo man mit der Hacke darauf schlägt, zerbrochen, und kann nicht füglich mehr aufgehoben werden; bei Leichenöffnungen hingegen in der Privatpraxis taugt die Hacke nicht, weil ihre Anwendung zu viel Geräusch macht. Dagegen ist ein Kopf-

halter,

halter, ein Gestell worauf zwei oben breite und nach innen ausgehöhlte Arme stehen, die durch eine Schraube gestellt und befestigt werden können, wie ihn *Fischer* und Andere abbilden, etwas sehr Zweckmäfsiges, besonders bei pathologischen oder gerichtlichen Sectionen, wo man nicht viele Hülfe hat, weil man dabei den Kopf bequem öffnen und verhindern kann, dafs nichts heraus fliefst.

Die Franzosen bedienen sich zum Theil des Rhachitom's, eines Instruments, das beinahe wie ein Zuckermesser gestaltet ist, und worauf mit einem Hammer geschlagen wird, um das Rückenmark blofs zu legen. Ich finde es sehr unbequem, und das Oeffnen des Rückenmarkkanals mittelst der Säge und des Meifsels viel zweckmäfsiger.

Bei den Einspritzungen der Blutgefäfse kommt es ganz auf den Zweck an, für den man präparirt. Für das anatomische Theater, d. h. zur Uebung der Präparanten, sind die Gyps-Einspritzungen der Arterien allen andern vorzuziehen. Ich sah dergleichen zuerst in Florenz, und fand sie so zweckmäfsig, dafs sie hier seit zehn Jahren auf dem anatomischen Theater angewendet werden, und der Professor *Gurlt* sie auch auf der Thierarzneischule eingeführt hat. Sie erfordern erstlich gar keine Mühe, da man den feingeschlemmten Gyps mit kaltem Wasser anrührt, und nun die Masse, ohne den Körper zu erwärmen, eingespritzt wird. Wir bedienen uns einer grofsen Spritze, welche gedreht wird, und wo die Röhre in die Aorta gesetzt wird, wo sie aus dem Herzen tritt, und so alle ihre Zweige (bis auf die allerfeinsten) anfüllt. Zweitens sind diese Einspritzungen ohne Kosten, und es können daher die Präparanten leicht alle Arterien durchpräpariren, was ihnen bei Wachseinspritzungen zu theuer ward.

Will man feine Präparate von den Blutgefäfsen verfertigen, so kann man entweder gefärbten Leim nehmen, oder Wachs, das je nach den Umständen mit mehr oder weniger Terpentingeist versetzt wird. Sollen die Präparate sehr schön werden, so mufs man erstlich mit dem Leichnam eines jungen Menschen zu thun haben, dessen Gefäfse leer, leicht anfüllbar und widerstehend genug sind, um nicht zu zerreifsen; zweitens mufs der Theil sehr erhitzt werden, in welchen man die Masse einspritzt, vorzüglich, wenn tieferliegende Gefäfse angefüllt werden sollen; drittens mufs die Farbe sehr fein seyn. Defswegen ist es nöthig, die Farben auf das allerfeinste zu reiben, und manche, wie Grünspan, genügen fast nie. Carmin wäre allen vorzuziehen, wenn er nicht so theuer wäre, doch kann etwas davon dem Zinnober zugesetzt werden. Dieser hält sich auch bei trocknen Präparaten, die man überfirnifst, sehr gut, allein im Spiritus werden die damit ausgespritzten Theile leicht unscheinlich. Die weifse, gelbe und schwarze Farbe lassen sich auch leicht in der gehörigen Feinheit haben.

Will man Theile nicht aufheben, sondern nur die oberflächliche Verbreitung der Gefäfse sehen, so kann man Wasser mit einer beliebigen Saftfarbe wählen.

Für die Einspritzung der einsaugenden Gefäfse hat man eine Menge Vorrichtungen erfunden; mir scheint es am passendsten, eine oben erweiterte Glasröhre zu nehmen, die unten am dünnen Ende mit einem Hahn versehen ist, in welche man eine sehr feine, kurze Glasröhre mit etwas Lack befestigt. Diese kleinen Glasröhrchen zerbrechen leicht, kosten aber auch fast nichts, und wenn man ein Gefäfs mit dem Scalpel geöffnet hat, so bringt man sie leicht ein. Es ist nur Schade, dafs die Präparate doch endlich das Quecksilber durchlassen; an *Mascagni's* Präparaten in Florenz sieht man gar nichts mehr; die *Walter*'schen haben sich noch ziemlich gehalten, allein es fliefst immer von Zeit zu Zeit Quecksilber aus.

Man hat sehr viel von zusammengesetzten Flüssigkeiten gesprochen, um darin die Präparate aufzubewahren; allein der je nach dem Bedürfnifs mit destillirtem Wasser versetzte, seltener, aufser etwa bei Mifsgeburten oder andern schon etwas angegangenen Theilen, der ganz reine Weingeist ist allen vorzuziehen. Es kommt hauptsächlich darauf an, dafs der aufzuhebende Theil hinlänglich rein oder macerirt ist, sonst wird die Flüssigkeit immer trübe. Ist er hingegen ganz rein und kommt nun in einen Weingeist, der auf gläserne Gefäfse abgezogen und darin aufbewahrt worden ist (da er von dem hölzernen Gefäfse leicht Farbe annimmt), und wird in einem dicht verschlossenen Glase aufbewahrt, so bleibt das Präparat immer gut, und der Weingeist ungetrübt. Bei Präparaten, die man zuweilen aus dem Weingeist herauszunehmen gezwungen ist, kann man den Glasdeckel mit Baumwachs auf das Glas legen, sonst wird der am Rande geschliffene Glasdeckel auf das gleichfalls oben am Rande geschliffene Glas aufgepafst, und mit einem festen Kitt, z. B. dem Steinkitt, befestigt. Bei grofsen Gläsern läuft man aber dabei leicht Gefahr, dafs der Glasdeckel durch den Luftdruck hineingedrückt und zersprengt wird.

Feinere Theile werden am besten auf dünnen Tafeln von brennend rothem Wachse ausgebreitet, in Weingeist aufbewahrt. Man mufs sich aber hüten, keine Nadeln zum Befestigen der Theile zu gebrauchen, denn es setzt sich an dieselben früher oder später Grünspan und die Präparate verderben, wie ich selbst an den von mir früher verfertigten Insekten-Präparaten erlebt habe. Ich nahm darauf die Zinken von feinen Kämmen; nachher fielen wir aber darauf, die Stacheln des Igels (Erinaceus europaeus) statt Nadeln anzuwenden, und das ist offenbar das Wohlfeilste und Sicherste, und wir gebrauchen dieselben schon seit mehreren Jahren mit Nutzen.

Wachspräparate können die natürlichen nie ersetzen, da sie nur die Oberfläche geben, und die feinen Theile nie gehörig darstellen können. Kommt es dagegen blofs darauf an, die Faserung eines Theils, z. B. des Gehirns, auszudrücken, so können sie sehr nützlich seyn, und es freut mich sehr, dafs unser Museum im Nachlafs des verewigten *Reil* dessen Wachspräparate erhalten konnte, die noch mehr darstellen, als er in seinem Archiv abgebildet hat. Zweitens können Wachspräparate sehr nützlich seyn, um seltene äussere Mifsbildungen lebender Menschen abzuformen, Ausschläge darzustellen u. s. w. Nie aber taugen sie, den Verlauf der Nerven, der Gefäfse u. s. w. wiederzugeben, und Niemand kann sagen, wie viel Wahres darin ist.

Die kürzlich empfohlenen Präparate von Papier-mâché kann ich aus Autopsie nicht beurtheilen, allein sie sind theuer und können dem Wundarzt unmöglich das leisten, was er dadurch erreichen soll, ihn nämlich vor einer an einem Theile zu machenden Operation über das Detail der Anatomie desselben zu belehren. Da ist es wohl viel zweckmäfsiger, am Leichnam selbst sich Belehrung zu verschaffen, und im Nothfall könnte ein Wundarzt selbst eine Leiche in Weingeist in einem mit Blei gefütterten Kasten aufbewahren, um sich gelegentlich zu unterrichten, wie zum Theil Hebammenlehrer thun, um ihren Schülerinnen alles Nöthige zeigen zu können.

Eine vollständige Anleitung zum Zergliedern, zum Verfertigen und Aufbewahren der Präparate fehlt uns; ein solches Werk erfordert natürlich eine sehr grofse Erfahrung.

Litteratur:

Mich. Lyser, Culter anatomicus. Hafn. 1653. 8. ed. 2. 1665. 8., und mehrere andere Ausgaben.

J. Fr. Cassebohm, Anweisung zur anatomischen Betrachtung und Zergliederung des menschl. Körpers. Berlin u. Strals. 1769. 8.

Thom. Pole, The Anatomical instructor. Lond. 1790. 8. Kupf.

J. Leonh. Fischer, Anweisung zur pract. Zergliederungskunst. Nach *Th. Pole.* Leipz. 1791. 8. Kpf. — 2ter Theil, von *Fischer* selbst. Die Zubereitung der Sinnwerkzeuge u. d. Eingeweide. Lpz. 1793. 8. Kpf.

Const. Duméril, Essai sur les moyens de perfectionner et d'étendre l'art de l'Anatomie. Paris 1803. 8.

Franz Casp. Hefselbach, Vollständige Anleitung zur Zergliederungskunde des menschl. Körpers. I. Bd. 1. H. Osteologie. Arnstadt 1805. 2. H. Syndesmologie. 1806. II. Bd. 1. H. Myologie. 1810. 4.

Concours pour la place de chef des travaux anatomiques vacante à la Faculté de Médecine de Paris. Paris 1819. 4. Darin hierher gehörig: *Gilb. Breschet,* De la dessication et des autres moyens de conservation des pièces anatomiques. *Jules Cloquet,* De la squelètopée ou de la préparation des os, des articulations et de la construction des squelètes.

Aloys Mich. Mayer, Prakt. Anleitung zur Zergliederung des menschl. Körpers. Wien 1822. 8.

John Shaw, Anleitung zur Anatomie nebst deren Anwendung auf Pathologie und Chirurgie. Mit einem Anhange über die Verfertigung anatomischer Präparate. Nach der dritten Ausg. des engl. Originals. Weimar 1823. 8.

John F. South, The Dissectors Manual. Lond. 1825. 8. Ein mit der Beschreibung der Knochen vermehrter Abdruck von *Green's* Dissector's Manual. Lond. 1820. 8.

M. J. Weber, Elemente der allgemeinen Anatomie in Verbindung mit der allgemeinen Zergliederungskunst. Bonn 1826. 8.

Engelb. Wichelhausen, Ideen über die beste Anwendung der Wachsbildnerei, nebst Nachrichten von den anatomischen Wachspräparaten in Florenz und deren Verfertigung. Frankf. a. M. 1798. 8.

Notice sur les préparations artificielles de *M. Auzoux.* Paris 1825. 8. (Die ganze Anatomie in Papier-mâché kostet 5000 Francs.)

VI. Von der pathologischen Anatomie.

Ich habe mich schon oben darüber erklärt, dafs ich es für nachtheilig halte, wenn sie mit der Anatomie des gesunden Körpers verbunden wird, weil der Zuhörer, der die letztere studirt, für jene noch nicht gereift ist. Die pathologische Anatomie kann erst mit Erfolg gehört werden, wenn der Studirende aufser den Vorlesungen über Anatomie und Physiologie, auch die über allgemeine und specielle Pathologie besucht hat. Es ist gewifs einer der wichtigsten Gegenstände seines Fachs, verlangt aber schon bedeutende Vorkenntnisse.

Bei dem jetzigen Umfange aller Wissenschaften ist es fast unmöglich, dafs Alles in dem Lehrer vereinigt sey, was man hier fordern könnte. Wenn der Lehrer der Anatomie diese im gesunden und kranken Zustande, so wie die vergleichende Anatomie und die Physiologie gründlich erforscht, so kann man mit Billigkeit nicht mehr von ihm verlangen. Der Lehrer der Praxis wiederum wird selten so viel Anatomie inne haben, um die pathologischen Erscheinungen im Leichnam vollkommen würdigen zu können, und so mufs der Vortrag der pathologischen Anatomie dem Anatomen anheimfallen. Ehemals war die Verbindung mehrerer Fächer leichter, der Anatom war zugleich Practicus, oft zugleich Chirurg, allein er las so wenig über vergleichende Anatomie, als über die pathologische; die letztere wird selbst jetzt noch auf wenigen Universitäten vorgetragen. Eine der glücklichsten Vereinigungen des anatomischen und des practischen Wissens fand bei *Morgagni* statt, und es hat auch wohl Niemand mehr für die pathologische Anatomie gethan, als er. Er hat den Fehler, etwas zu wortreich zu seyn, welches ihm besonders bei jüngern, ungeduldigen Lesern Nachtheil bringt, dagegen aber hat er einen Vorzug, der den mehrsten seiner Nachfolger abgeht, eine sehr scharfe Kritik. Wäre diese angewandt, so würden nicht so viele fabelhafte Dinge, die Einer dem Andern nacherzählt, in die pathologische Anatomie aufgenommen seyn; man hätte nicht so viel Triviales zusammengehäuft, wie in den Sammlungen der Berichte über Leichenöffnungen bei verschiedenen Nationen vorkommen; und man hätte es nicht gewagt, die Citate auf das Gewissenloseste einander nachzuschreiben. In *Voigtel's* pathologischer Anatomie ist das letztere stehend, und ich mag gar nicht mehr ein bei ihm vorkommendes Citat nachschlagen, denn oft findet man in einem Artikel keines richtig, oder es sind von den Verfassern ganz andere Dinge gesagt, als er vorbringt. So arg kenne ich dies Unwesen nirgends, obgleich das Nachschreiben der Citate auch bei vielen Andern vorkommt.

Es ist daher wohl nöthig, dafs der Wust einmal überarbeitet wird, um das unbrauchbare Material wegzuschaffen, und dazu gehört sehr viel, da die Sorglosigkeit, die Leichtgläubigkeit, die Eitelkeit, die Liebe zur Paradoxie, oft geradezu die Lügenhaftigkeit, an so vielen Erzählungen Theil hat, und ich habe berühmte Männer gekannt, denen ich kein Wort glaubte. Wenn man das dicke Buch lieset, das in Paris über die Arachnitis geschrieben ist, und in der Natur nichts davon an der Arachnoidea wieder findet; wenn man so viele andere gepriesene neuere Werke durchgeht, so sieht man, wie wohlfeil oft das Lob ist. Dieses ist auch viel bequemer für den Lobenden, denn keiner der Gelobten verlangt einen Beweis dafür; der Tadel aber soll motivirt seyn. Hier ist also noch viel zu thun.

Man hat verschiedene Versuche gemacht, die pathologische Anatomie wissenschaftlicher vorzutragen, als gewöhnlich geschieht, allein ich glaube, dafs diejenige Methode die beste ist, bei der sich Alles leicht unterbringt und wieder aufgefunden werden kann.

Diefs scheint mir am einfachsten erreicht zu werden, wenn man zuerst die allgemeinen Krankheitszustände, oder diejenigen, welche in allen oder den mehrsten Theilen vorkommen, schildert, z. B. die Entzündung und ihre Folgen, die krankhafte Vegetation u. s. w., damit man in der Folge nur das Eigenthümliche darin bei den einzelnen Parthieen durchzugehen hat. Hat man dies vorausgesandt, so geht man System für System durch, die krankhaften Erscheinungen im Zellgewebe, im Horngewebe u. s. w. Am Schlufs, wenn von den Krankheiten des Eies, des Fötus gesprochen ist, wird von den Mifsgeburten geredet, und diese werden nicht nach ihren angeblichen Ursachen, die wir nicht kennen, sondern nach den Arten der Mifsbildung aufgezählt.

In der speciellen Pathologie ist zu erwähnen, was nach jeder einzelnen Krankheit, z. B. der Ruhr, für krankhafte Erscheinungen im Leichnam vorzukommen pflegen; in der pathologischen Anatomie dagegen kann nur bei der krankhaften Erscheinung des Dickdarms überhaupt und des Mastdarms insbesondere, auch der Folgen der Ruhr erwähnt werden. *Lieutaud* hat beide Methoden zu vereinigen gesucht.

Ist es irgend nöthig, bei dem Vortrage das Gesagte durch Präparate zu erhärten, so ist es das hier, denn die Worte und Abbildungen können selten so gute Begriffe von einer Sache geben, als deren Anschauung, und es ist ein grofser Vorzug für die Ausbildung der jungen Aerzte, dafs jetzt an so vielen Orten anatomisch-pathologische Sammlungen bestehen, und dafs die Thierarzneischulen durch ihre Sammlungen von Thier-Präparaten zu Hülfe kommen. Mit der Zeit werden sie hoffentlich durch eigene Versuche noch mehr für die pathologische Anatomie leisten, so wie auch von der Chemie immer mehr zu hoffen ist.

Die Litteratur der pathologischen Anatomie ist so grofs, dafs ich hier nur eine kleine Anzahl allgemeiner Schriften nennen kann:

Joh. Schenk v. Grafenberg, obs. medicarum rariorum. l. VII. Francof. 1600. 1665. fol.

Theoph. Boneti, Sepulchretum anatomicum. (Genev. 1679. Voll. 2.) Lugd. 1700. Voll. III. fol. Ej. Medicina septentrionalis collatitia. Genev. 1685. Voll. II. fol.

J. Bapt. Morgagni, De sedibus et causis morborum. Venet. 1761. Vol. II. fol. Genev. ed. *Tissot*, Vol. III, 4., die beste Ausg. Neue Ausg. in Paris, in Leipzig.

Jos. Lieutaud, Historia anatomico-medica. *Ed. Ant. Portal.* Paris 1767. 2 Vol. 4. — Ed. *Schlegel*, Longosalis. 1786 — 1802. 3 Vol. 8.

Matth. Baillie, The morbid Anatomy of some of the most important parts of the human body. Lond. 1793. 8. Ed. 4. 1812. 8. Uebers. Anatomie des krankhaften Baues von einigen der wichtigsten Theile des menschl. Körpers, mit Anm. von *Soemmering*. Berlin 1794. 8. Anhang 1820. 8. — Von demselben Verfasser: A series of engravings. Lond. 1799. Ed. 2. 1812. 73 Kupft. in 4.

F. G. Voigtel, Handb. der pathol. Anatomie. Halle 1804, 5. 3 Bde. 8.

J. Fr. Meckel, Handb. der pathol. Anat. Leipz. 1812 — 16. 3. Bde. 8 Dessen Tabulae anatomico-pathologicae. Lips. 1817 — 26. 4 Fafs. fol.

Adph. Wilh. Otto, Handbuch der pathol. Anatomie des Menschen und der Thiere. Breslau 1813. 8. Davon erscheint jetzt eine neue sehr vermehrte Auflage.

Ed. Sandifort, Museum Anatomicum Acad. Lugd. Batav. T. 1. 2. L. B. 1796. T. 3. 1827. fol.

Fr. Aug. Walter, Anat. Museum gesammelt v. *J. G. Walter*. 2 Thle. Berlin 1796. 4. — *J. G. Walter*, Museum anatomicum. Berol. 1805. 4. — Ich denke bald ein gröfseres Werk über das hiesige K. Anat. Mus. mit vielen Kupfern herauszugeben, das, seit ich Director desselben bin, um mehr als die Hälfte der Nummern vermehrt ist.

VII. Von der vergleichenden Anatomie.

Die vergleichende Anatomie (Anatomia comparata) ist die sicherste Stütze der Physiologie, ja ohne dieselbe wäre kaum eine Physiologie denkbar. Indem sie nämlich den Bau der organisirten Körper überhaupt, indem sie insbesondere den Bau eines jeden Organs durch alle Thierklassen, so weit es sich ausbreitet, verfolgt und vergleicht, so kann man erst einen Begriff von demselben und von seiner Wichtigkeit und Bedeutung für den ganzen Organismus, so wie aller seiner Theile für das Organ selbst, erhalten; so wie andererseits jede Thierreihe nach der Ausbildung ihrer verschiedenen Organe, und dem daraus entstehenden Ganzen, würdigen.

Man ist hierin mit einer bewundernswürdigen Raschheit vorgedrungen, und es kann nichts erfreulicher seyn, als zu sehen, wie sich hier alles die Hand bietet. So lange die Zoologie, in den untern Thierreihen vorzüglich, aber auch selbst in den obern die Arten und Gattungen nicht scharf bestimmt hatte, war eine Anatomie derselben unmöglich, und hier glänzen die Verdienste eines *Linné, Pallas, O. Fr. Müller, de Geer* u. s. w., vorzüglich aber die eines *Cuvier* und so vieler Späteren in dem reinsten Licht. Es ist nichts tadelnswürdiger, als wenn man das, was einer zum Gegenstande seiner Untersuchung machte, gegen das, welches ein Anderer dazu wählte, abwägen, und darnach den einen höher, den andern niedriger stellen will: jeder bereichert die Wissenschaft und empfängt in der Arbeit selbst, und in dem Bewufstseyn seiner Thätigkeit seinen Lohn, und jeder bedarf des Andern. Wenn die Ersten, welche sich in den neueren Zeiten mit der Untersuchung der Thiere beschäftigten, von jedem derselben angaben, was ihnen dabei aufgefallen war, und dies nicht Allgemeines enthielt, so lag das in der Natur der Sache, und es war löblich, dafs sie keine allgemeine Schlüsse ziehen wollten, wo die Facta isolirt standen, und eben das mufs noch jetzt in allen dunkeln Parthieen beobachtet werden, wenn keine Romane entstehen sollen. Das halte ich wenigstens für das Nöthigste, sich des Grades der Gewifsheit bewufst zu seyn, welchen die Wissenschaften zur Zeit geben.

Nun, nachdem eine gewisse Masse des Einzelnen da war, konnte man allmählig weiter gehen, und zusammenfassen und prüfen, was für die Anatomie einer Thierklasse, für die Anatomie eines Systems, z. B. der Respiration, in einer, in mehreren Klassen, gegeben war.

Es bietet sich hier nämlich ein doppelter Weg dar; entweder geht man jede Thierklasse, jede Ordnung, jede Gattung, jede Art derselben durch: stellt zuerst das Allgemeine der Klasse dar, und nimmt dann das Hervorspringende jedes Einzelnen durch. *Vicq d'Azyr* versuchte so in der vergleichenden Anatomie fortzuschreiten, allein, so umfassend, wie er es nahm, konnte er nur einen Theil der Säugethiere durchgehen; *Tiedemann*, der die vergleichende Anatomie der Säugethiere in einem Bande, also sehr cursorisch durchging, widmete die beiden folgenden Bände seiner Zoologie der allgemeinen Anatomie der Vögel, und setzte das schätzbare Werk nicht fort, weil es wirklich die Kräfte des Einzelnen übersteigt, und sollte in der Art eine zoologische Anatomie gegeben werden, so wäre es wohl das Beste, dafs, ungefähr wie bei *Vicq d'Azyr*, ein allgemeiner Plan zu Grunde gelegt würde, und dafs Viele zusammenträten, um in der Art zu arbeiten; dafs Jeder aber eine Klasse oder eine Ordnung allein übernähme, sie im Detail anatomisch darzustellen.

Wie diese Behandlungsart eine zoologische Anatomie giebt, so erhält man eine physiologische, wenn man die einfachen, wie die zusammengesetzten Theile, je nach den Systemen, welche sie bilden, durch alle Thierreihen verfolgt, und zwar auch bei jeder nach ihren Entwickelungen. Hier ist noch für Jahrhunderte, vielleicht für Jahrtausende zu thun. Von dieser vergleichenden Anatomie kann man einen zweckmäfsigen Auszug in den Vorlesungen vortragen, die ihren Nutzen bewähren werden.

Hierbei kann man auf eine doppelte Weise verfahren. Entweder setzt man die menschliche Anatomie voraus, und geht von ihr zu der Betrachtung und Vergleichung des Baues, z. B. des Knochensystems bei den Säugethieren u. s. w. hinab; oder man fängt von den unteren Thieren an, und steigt so hinauf.

Die erstere Weise ist unstreitig die zweckmäfsigste, wenn von dem Vortrage für Studirende auf Universitäten die Rede ist. Den menschlichen Bau kennen sie, da sie die Anatomie des gesunden menschlichen Körpers gehört haben, ehe sie zu dem Studium der vergleichenden Anatomie gehen; es wird ihnen also nicht schwer, den Faden anzuknüpfen, und wenn man z. B. das menschliche Skelett neben den Säugethierskeletten stehen hat, und so fort, so müssen sie eine deutliche Ansicht bekommen. Fängt man hingegen von unten an, mit Thieren, die ihnen zum Theil wenig bekannt sind, so wird die Vergleichung aufserordentlich erschwert, und ich fürchte, es wird kein zusammenhängendes Wissen.

Hat man hingegen die vergleichende Anatomie auf jene Weise gehört, dann ist es vortrefflich, sie nun auf dem entgegengesetzten Wege durchzugehen; so wie auch Jemand, der die Zoologie gut inne hätte, allein die menschliche Anatomie nicht kennte, eben so gut gleich von unten aufsteigen könnte.

Die Neueren haben zum Theil in ihren Werken über die vergleichende Anatomie die Litteratur weggelassen, und das ist allerdings das Leichteste, allein es bringt den gröfsten Nachtheil. Einen Mann bei dem, das er entdeckt hat, nicht nennen, heifst ihn um seinen Lohn, um seinen Antheil an der Bereicherung der Wissenschaft bringen; und wenn von Zeit zu Zeit ein neues Werk herauskommt, dessen Verfasser Alles selbst untersucht zu haben versichert, so dafs er seine Vorgänger mit Stillschweigen übergeht, so wird ihm über kurz oder lang dasselbe begegnen und mit

Recht, und man sollte einen solchen Schriftsteller nie citiren, denn seine Inhumanität verdient diese Strafe.

Es ist auch thöricht, wenn Jemand behauptet, Alles allein, sey es auch nur in einem Theile der Wissenschaft, untersucht zu haben, und man wird bald genug finden, wo er etwas unsicher oder falsch vorträgt, und am Ende ist er gezwungen, eine Menge Dinge, die Andere entdeckt haben, wegzulassen, weil er nicht sein Ansehen verlieren will: sein Werk wird also sehr unvollständig, und ich mache mich anheischig, auch in dem neuesten, in der Art erschienenen Werke, eine Menge falscher Darstellungen nachzuweisen, und eine Menge der interessantesten Dinge aus andern Schriftstellern hinzuzufügen. Der Schriftsteller, der nur für seinen Ruhm schreibt, meint es nicht redlich mit der Wissenschaft, für deren Wachsthum er allein schreiben soll, und wo ihm wahrlich dafür das Lob nicht entgehen wird, das er verdient.

Geoffroy St. Hilaire hat von der vergleichenden Anatomie des gesunden und kranken Baues einen Theil, der die Entstehung des Einfachsten, und dessen Fortschreiten zum Zusammengesetztesten darstellen sollte, unter dem Namen der philosophischen Anatomie aufstellen wollen, wie mir scheint, ohne allen Grund.

Eine jede Anatomie, die zweckmäfsig angestellt wird, ist philosophisch, eine jede andere unphilosophisch. Und als das Letztere kommt es mir vor, wenn ich einen Theil der Wissenschaft losreifsen, und nur ihn als philosophisch betrachten will, da er ohne die anderen Theile derselben nicht bestehen kann, und nicht aus der Philosophie, sondern aus der Anatomie hervorgeht. Die Worte, die jetzt so oft gehört werden, dafs man die Einheit in der Vielheit, und die Vielheit in der Einheit suchen solle, enthalten nichts mehr und nichts weniger, als was die vergleichende Anatomie stets vor Augen hatte, und *K. Aug. Siegm. Schultze* in seinem Handbuche der vergleichenden Anatomie (wovon ich erst zwölf Bogen vor mir habe) zeigt S. 28, dafs schon *Severinus* die Idee ausgesprochen hat. Dagegen sollte man wohl auf der Hut seyn, dafs die sogenannte philosophische Anatomie nicht eine fantastische wird. Aehnlichkeiten finden kann man überall, das ist kein Verdienst, allein sie sollen nicht etwa blos in einer ungefähr aufgegriffenen Hinneigung zu dieser oder jener Form, sondern im Wesentlichen begründet seyn, und das finde ich weder bei *Oken*, noch bei *Geoffroy*, noch bei *Carus*, sobald es das allgemein Bekannte überschreitet. Daher hat auch *Geoffroy* sein Urtheil über die Bedeutung der einzelnen Knochen alle Tage gewechselt, einige grundlose Behauptungen, z. B. vom Kiemendeckel abgerechnet, die immer geblieben sind; und sein Werk über die Monstrositäten giebt den bündigsten Beweis, dafs ihm die Anatomie und die Pathologie fremd sind. Wenn man die Vergleichung der Gesichtsknochen mit Rippen, der Zähne mit Fingergliedern u. s. w. bei den Deutschen vergleicht, so ist es um nichts besser. Wenn wir ein Paar Rudimente von Wirbeln an der Basis des Schädels finden, so ist darin kein Grund enthalten, alles für Wirbel und Wirbeltheile anzusehen; hier ist kein Ort, davon mehr zu sprechen, allein bei dem vornehmen Ton, den die Liebhaber der sogenannten philosophischen Anatomie jetzt annehmen, so dafs sie z. B. alles Andere beschreibende Anatomie nennen, und *Geoffroy* über sich selbst erschrickt, und zweifelt, ob er seinen Zuhörern den Schleier lüften und so viel Licht sehen lassen darf, und da Unkundige hier leicht mehr suchen als finden würden, so konnte ich es nicht übergehen. Ich habe *Fludd's* Anatomia mystica gelesen, ohne dafs sie mir geschadet hätte, und der Erfahrne kann immer solche sonst so achtungswerthe Männer auf ihren Abwegen begleiten. *Goethe* hat sich hier als den Delphischen Apoll bewährt, denn er hat über *Carus* Arbeit (am Schlufs der Vorrede) ein Urtheil gegeben, aus dem man Alles für oder gegen machen kann.

Eine Philosophie der Anatomie könnte man allerdings aufstellen, in dem Sinn, wie *Linné* seine herrliche Philosophia botanica gab, und darin die Methoden, die Sprache u. s. w. durchgehen, und es könnte etwas sehr Interessantes werden.

Litteratur:

M. Aur. Severini, Zootomia Democritaea. Norimb. 1645. 4.

Sam. Collins, A system of Anatomy, treating of the body of man, beasts etc. Lond. 1685. fol.

Buffon, Hist. nat. gén. et particulière avec la description du cabinet du Roi. Paris 1749 — 67. 15 Voll. 4. — Allgemeine Historie der Natur nebst einer Beschr. u. s. w. Leipz. 1750 — 81. 11 Bde. 4.

Encyclopédie méthodique. Systeme anatomique. Quadrupèdes par *Felix Vicq d'Azyr*. Paris 1792. 4.

Cuvier, Leçons d'Anatomie comparée. Paris. T. 1. 2. 1795. T. 3 — 5. 1805. 8. Vorlesungen über die vergl. Anatomie mit Anmerk. von *Meckel*. Leipz. 1809, 10. 4 Bde. 8.

J. Fr. Blumenbach's Handbuch der vergleichenden Anatomie. Gött. 1805. 8. 2. Ausg. 1815. 3. Ausg. 1824.

Fr. Tiedemann's Zoologie. 1. Bd. Landshut 1808. 8. 2. Bd. Heidelb. 1810. 3. B. 1814.

Home, lectures on comparative Anatomie. T. 1, 2. Lond. 1814. T. 3. 4. 1823. 4.

Carus, Lehrbuch der Zootomie. Leipz. 1818. 8.

J. Fr. Meckel, System der vergl. Anatomie. 1. Halle 1824. 2. 1, 2. 1824, 25. 3. 1828. 8.

Blainville, de l'organisation des animaux ou principes de l'Anatomie comparée. T. 1. 1822. 8.

Geoffroy St. Hilaire, Philosophie anatomique. Des organes respiratoires etc. Paris 1818. T. 2. Des monstruosités humaines. 1822. 8.

C. G. Carus, Von dem Unterschiede zwischen descriptiver, geschichtlicher, vergleichender und philosophischer Anatomie. In *Hecker's* litt. Annalen. Bd. 4. St. 1.

Derselbe, Von den Urtheilen des Knochen- und Schaalengerüsts. Leipz. 1828. fol.

Berlin, gedruckt bei A. Petsch.

FSC
www.fsc.org
MIX
Papier | Fördert
gute Waldnutzung
FSC® C083411

Zeitfracht Medien GmbH
Ferdinand-Jühlke-Straße 7
99095 Erfurt, Deutschland
produktsicherheit@kolibri360.de